LE PÉTROLE

SON HISTOIRE

SA NATURE, SES USAGES ET SES DANGERS

PAR

Albert DUPAIGNE

ANCIEN ÉLÈVE DE L'ÉCOLE NORMALE SUPÉRIEURE,
AGRÉGÉ DES SCIENCES PHYSIQUES ET NATURELLES
PROFESSEUR AU COLLÉGE STANISLAS
ET À L'ÉCOLE SUPÉRIEURE DU COMMERCE

PARIS

H. PALMÉ, LIBRAIRE-ÉDITEUR
RUE DE GRENELLE SAINT-GERMAIN, 25

1872

LE PÉTROLE

SON HISTOIRE

SA NATURE, SES USAGES ET SES DANGERS

PAR

Albert DUPAIGNE

ANCIEN ÉLÈVE DE L'ÉCOLE NORMALE SUPÉRIEURE,
AGRÉGÉ DES SCIENCES PHYSIQUES ET NATURELLES
PROFESSEUR AU COLLÉGE STANISLAS
ET A L'ÉCOLE SUPÉRIEURE DU COMMERCE

PARIS

VICTOR PALMÉ, LIBRAIRE-ÉDITEUR

25, RUE DE GRENELLE SAINT-GERMAIN, 25

—

1872

LE PÉTROLE

SON HISTOIRE, SA NATURE, SES USAGES ET SES DANGERS.

I

Produit de l'enfer ou présent du ciel?

Les peuples sont enfants, disent les philosophes. Il est certain que ce jugement sommaire qu'on nomme l'opinion publique se forme ordinairement par des procédés tout enfantins. De même que l'enfant embrasse le jouet qui le charme et frappe le meuble où il s'est heurté, la foule se prend facilement d'un véritable amour ou d'une véritable haine pour les objets inertes qui ont servi d'instruments à ses joies ou à ses malheurs.

Un exemple remarquable nous en est donné en ce moment. Le même produit naturel, le pétrole, se trouve au plus haut point l'objet de deux sentiments contraires de la part de deux populations qui bordent, chacune de son côté, l'océan Atlantique.

Aux États-Unis, c'est une adoration, une fièvre : « *Petroleum is king, not cotton;* le pétrole est roi, ce n'est plus le coton, » disait la bannière d'une manifestation ouvrière à New-York.

En France, c'est une épouvante, une horreur, une proscription. Il y a des villes de province où l'on casserait les vitres du marchand qui oserait afficher la vente du pétrole sans le déguiser sous le nom de *luciline*, de *saxoléine*, ou de quelque autre euphémisme.

En un mot, pour les Américains qu'il enrichit, le pétrole est un présent du ciel; pour les Français qu'il incendie, c'est un produit de l'enfer.

Pour les gens raisonnables, et il y en a partout, c'est tout simplement une nouvelle matière première, appelée à prendre une place importante parmi celles qui sont l'instrument du travail de l'homme et qui font sa richesse.

Elle sera bonne ou mauvaise, suivant qu'on en usera bien ou mal.

Il n'y a pas de matière maudite. Toute la nature est un présent de Dieu à l'homme. Dieu ne nous donne pas le mal, mais le libre arbitre de l'homme peut tourner contre Dieu ses bienfaits : c'est cette action qui est le mal.

Tous les présents de Dieu peuvent servir au mal humain, et des plus grands biens découlent ainsi les plus grands maux : *Corruptio optimi pessima.*

Est-ce à dire que le pétrole doive être une bien précieuse chose, puisqu'il a pu faire tant de mal? Peut-être. En tout cas, s'il y a à cet égard dissentiment et préjugé, c'est qu'il y a ignorance. Essayons de la dissiper.

D'où vient le pétrole? Quelle est sa composition? Est-il différent des huiles dites de schiste, de naphte et de houille, de la benzine et autres liquides combustibles?

Dans quelle sorte de terrain le trouve-t-on, et comment s'y est-il formé? Quelle est l'importance et l'avenir de son industrie? Quelles manipulations a-t-il subies avant d'être livré au commerce?

Quelle différence faut-il faire entre le pétrole brut, le pétrole d'éclairage et l'essence, de pétrole? Quel danger offre leur maniement?

Lequel d'entre eux a servi d'instrument aux incendiaires de la Commune?

Tout le monde s'est posé ces questions : un bien petit nombre a pu les résoudre. Nous allons chercher à satisfaire la curiosité de ceux de nos lecteurs qui désirent avoir sur ce sujet des notions élémentaires, mais précises.

II

Pays qui produisent du pétrole.

Le mot *pétrole*, comme on sait, veut dire *huile de pierre*. Remarquons en passant que ce nom, tiré du latin comme le fond de notre langue, est rapidement devenu populaire, ce qui ne serait pas arrivé à l'un de ces mots baroques tirés du grec, dont on a la rage d'affubler aujourd'hui les produits nouveaux.

Il y a onze ans, le pétrole n'était guère connu en Europe que de quelques savants, et encore ceux-ci le confondaient volontiers, sous le nom d'huile de *naphte*, avec les autres corps huileux obtenus par la distillation des matières bitumineuses.

L'huile dite *de schiste*, provenant de certaines roches imprégnées d'asphalte, abondantes surtout dans le bassin houiller d'Autun, commençait à être très-employée à l'éclairage

public, malgré son odeur pénétrante et insupportable, à cause de sa belle lumière et de son
bon marché.

On savait vaguement qu'il y avait dans certains pays, notamment en Perse et dans l'Inde,
des liquides combustibles tirés du sol, qui
n'avaient pas l'inconvénient de cette mauvaise
odeur; mais ils n'étaient pas dans le commerce
des corps destinés à l'éclairage. On employait
en médecine, sous le nom d'*huile seneca*, du
véritable pétrole fourni par une tribu indienne
d'Amérique. L'huile de naphte des chimistes
était une rareté destinée à protéger contre l'action oxydante de l'air une autre rareté, les
fragments de ces métaux inflammables au contact de l'eau qu'on nomme le *potassium* et le
sodium.

C'est seulement en 1860 que les journaux
apprirent à l'Europe la découverte de puits jaillissants d'une huile combustible dans les États-
Unis d'Amérique. En 1861, les appareils américains et leur « Petroleum » commencèrent à
apparaître dans les magasins à titre de curiosité. En 1862, l'Angleterre en fit déjà une con-

sommation notable; mais en 1863 ce fut une véritable invasion dans toute l'Europe occidentale; les usines exploitant le schiste et les autres huiles minérales furent obligées de restreindre, puis de cesser leur production, en présence du pétrole américain, qui valait beaucoup mieux et coûtait beaucoup moins cher.

Depuis ce temps la consommation européenne, qui n'est qu'une fraction de la production américaine, n'a fait que s'accroître, et atteint aujourd'hui 6 millions d'hectolitres par an, dont la valeur est de près de 250 millions de francs. La France entre dans ce chiffre pour un sixième environ, c'est-à-dire pour une somme de plus de 40 millions.

La plus grande partie de cet énorme approvisionnement est fourni par un seul État, celui de la Pensylvanie, dont le pétrole a la palme sous les deux rapports de la qualité et de la quantité. Mais tout le massif des monts Alleghanys a la même structure géologique et a donné de riches exploitations d'huile; la Virginie, l'Ohio, le New-York, le Maryland, apportent un contingent considérable de bons produits. Le Canada a fourni aussi des sources nombreuses et abondantes, mais la qualité du produit est inférieure : des matières empyreumatiques sulfureuses, qu'il est difficile d'en séparer, lui donnent une odeur au moins aussi désagréable que celle des anciennes huiles de schiste.

Les Etats-Unis d'Amérique n'ont pas d'ailleurs le privilége exclusif de la possession du pétrole. Depuis que la Pensylvanie a donné le signal et l'élan, des recherches ont été faites de tous côtés et ont montré que le pétrole est, comme la houille, répandu dans les contrées les plus diverses. A quelque jour nous verrons le commerce en recevoir des rives de la mer Caspienne et de la mer Morte, de l'Inde, de la Californie, de l'Afrique, et même, sans aller si loin, de l'exploitation agrandie des petits gisements actuellement connus en Angleterre, en Ecosse, en Bavière, en Italie, en Sicile, aux îles Ioniennes. La France elle-même, en dehors de ses huiles de schiste, a de vrai pétrole ; on en a reconnu à Gabian (Hérault), près de Clermont (Puy-de-Dôme) et ailleurs. Nous venons d'en perdre, dans nos désastres, trois concessions, déjà en bonne voie d'exploitation, dans le département du Bas-Rhin. On en trouvera probablement encore, car nous avons en assez grande abondance les terrains qui l'ont fourni en Amérique.

En attendant que ces ressources, unies au produit épuré et désinfecté des usines schistières, suffisent à la consommation française, il nous faudra, encore longtemps peut-être, payer tribut aux Yankees qui sont plus heureux que nous, peut-être parce qu'ils savent être plus ingénieux et plus actifs.

L'histoire de la découverte du pétrole américain est trop curieuse et trop instructive sous ce rapport pour que nous la passions sous silence.

III

Découverte du pétrole américain.

Le pétrole avait dû être découvert et exploité
en Amérique par les premiers colons français
du Canada et les Indiens de la Pensylvanie :
car on a trouvé d'anciens puits et leurs appareils enfouis sous la végétation séculaire des
forêts de ces deux pays. Mais tout souvenir
s'en était perdu, lorsqu'en 1845, en creusant
un puits artésien près de Pittsburg en Pensylvanie, pour avoir de l'eau salée, on vit jaillir,
au lieu d'eau, une colonne d'huile !

La renommée s'en répandit rapidement. Déjà
l'huile seneca des Indiens et quelques petites
sources ou nappes signalées au Canada par les
géologues avaient donné de la notoriété à ce
produit dans le pays. Les aventuriers en quête
de fortune, si nombreux en Amérique, accoururent et creusèrent, un peu au hasard. Mais

pendant ce temps le premier puits s'était tari, les autres produisirent peu ou rien, les spéculateurs se ruinèrent et disparurent.

Toutefois au Canada l'attention resta éveillée, et, sous la direction de géologues et d'hommes capables, un commencement d'exploitation, prélude de celle qui est aujourd'hui si florissante, se fit avec succès, en 1857, à Enniskillen.

Aux États-Unis, où les affaires sont plus actives et les esprits plus remuants, on n'y pensait plus, quand, au mois d'août 1859, dans la même région de Pensylvanie qui avait fourni la première source, à l'endroit nommé aujourd'hui Oil-Creck, comté de Venango, la même merveille se reproduisit. Un puits artésien, creusé pour avoir de l'eau, était arrivé à une profondeur de 21 mètres seulement, lorsque jaillit avec force une colonne liquide : ce n'était pas de l'eau, c'était de l'huile! Et le jet persista plusieurs semaines, au taux de 4,500 litres par jour. Les spéculateurs accoururent, et, cette fois, les géologues aussi. L'endroit était bon, car en un an plus de cent puits avaient été creusés, dont plusieurs plus abondants que le premier.

Ce fut alors une vraie fièvre, comme celle de l'or au beau temps de la Californie. Tous les travailleurs disponibles arrivèrent en foule dans les vallées pensylvaniennes et canadiennes signalées par l'abondance de leur produit. En deux ans, plus de deux mille puits furent creusés, la plupart jaillissants, et quelques-uns avec une violence et un rendement prodigieux.

Les cuves et les fûts n'étaient jamais assez abondants pour recueillir les jets liquides, l'huile coulait en ruisseaux sur le sol, et formait, piétinée sur toute la surface des vallées exploitées, une boue noire et fétide où les ouvriers enfonçaient quelquefois jusqu'aux genoux.

IV

Histoire d'un pétrolier qui n'était pas un pétroleur.

On raconte encore l'histoire, bien récente et déjà légendaire, du fameux puits Shaw, dans le district d'Enniskillen.

John Shaw, riche d'un petit capital et d'une grande volonté, avait acheté un petit lot dans le meilleur quartier de la concession. Du matin au soir il était à l'ouvrage, forant, pompant sans relâche ; les mois s'écoulaient, mais le capital aussi ; les puits des voisins débordaient, et le sien s'approfondissait toujours sans atteindre la veine si désirée. Il arriva bientôt à son dernier écu ; il vécut alors sur son crédit, se rationnant, mais creusant toujours.

Un jour du mois de janvier 1862, il forait, il pompait, piétinant dans la boue fétide et glacée, grâce à des restes de bottes, tous les jours recousues et remastiquées; il mettait à son travail d'autant plus d'acharnement qu'il avait eu du mal à trouver le matin du pain à crédit. Tout à coup, dans un effort, il sent une vive impression de froid : ses deux semelles sont entièrement détachées ; le mal est irréparable !

Un seul espoir lui reste : il a pour voisin un marchand de chaussures, qui peut-être connaît et estime son activité au travail, sa sobriété, son économie. Il entre chez lui humblement, expose sa requête.... Mais, en Amérique comme ailleurs, un homme ruiné, les poches vides, couvert de haillons et de boue, n'a pas crédit ouvert dans les riches magasins. John Shaw n'obtient qu'un refus dédaigneux.

Désespéré, il retourne pieds nus à son puits, protestant que s'il n'a pas d'huile avant la nuit, il abandonnera le soir même ce pays inhospitalier. Il saisit son outil, et frappe à coups redoublés.

Tout à coup le roc cède, le son d'un bouillonnement se fait entendre, l'huile arrive, remplit le tuyau, ensuite le puits qui va déborder. John Shaw, dans une émotion facile à comprendre, ajoute promptement au puits une bâche soutenue par des pieux, mais l'huile déborde encore. Vite, des fûts, des caisses, des cuves, tout ce qu'il trouve! Mais tout est plein, le débordement continue, c'est un ruisseau, que dis-je? un torrent, qui traverse la vallée et se jette dans la rivière, où il surnage et fuit vers les lacs.

Cependant la renommée a raconté l'événement : les voisins accourent, l'heureux possesseur du puits merveilleux est comblé de félicitations. Ce n'est plus le vieux Shaw, comme le matin, c'est *monsieur Shaw* « gros comme le bras. » Voyez! quelqu'un accourt, la foule des complimenteurs s'écarte : c'est le négociant en chaussures qui vient humblement saluer « ce cher monsieur Shaw, » et lui offre la plus belle paire de bottes de son magasin. John Shaw rendrait bien le dédaigneux refus du matin, mais... il a les pieds nus, et l'huile coule toujours; en vrai Yankee il chausse les bottes sans mot dire et se remet à la besogne.

Le puits produisait deux barils de 180 litres en une minute et demie, soit au plus bas cours (de 2 centimes le litre), 5 francs par minute, 300 francs par heure, 7,000 francs par jour, deux millions par an!

Il n'y a pas d'exemple, dans les légendes ni dans les contes de fées, d'un changement de fortune plus extraordinaire et plus subit que celui de cet homme, au dernier degré de la misère le matin, trente fois millionnaire le soir!

Mais il ne devait pas jouir longtemps de ce changement à vue, opéré si brusquement dans sa vie : quinze mois après, un jour d'avril 1863, le riche propriétaire du «grand puits jaillissant,» toujours actif et économe, dirigeait la manœuvre, payant de sa personne comme autrefois, quand un bout du tuyau tombe dans l'ouverture élargie du puits servant de réservoir à l'huile. Shaw, qui se trouvait le plus voisin du bord, saisit la chaîne, terminée par un étrier, qui sert à descendre les seaux dans l'huile, et fait le signal de descente. Rapidement arrivé à cinq mètres de profondeur au milieu de cette atmosphère infecte, il atteint le tuyau et donne le signal de remonter. Mais bientôt on le voit gesticuler avec de grands efforts, la res-

piration lui manque, ses yeux se ferment, il lâche
la chaîne, tombe, et disparaît dans l'huile.....
On retira son cadavre en vidant le réservoir.

V

Un incendie au pays du pétrole.

Puisque nous en sommes aux accidents, nous devons mentionner celui qui arriva en Pensylvanie dès la troisième année de l'exploitation. Il laisse peut-être encore derrière lui tous les affreux incendies qui ont valu chez nous au pétrole une si terrible célébrité.

Il est évident que, dans ces vallées au sol imprégné partout de cette boue combustible, les plus grandes précautions étaient prises d'un commun accord contre le feu. On le voit encore aujourd'hui aux écriteaux nombreux destinés à prescrire aux visiteurs la défense de fumer. Aucun feu n'était allumé dans le voisinage des puits ; il n'eût fallu qu'une étincelle pour causer d'irréparables malheurs.

Or, un jour de mai 1862, à Tidione, un puits que l'on creusait sur la lisière d'une concession, donne tout à coup une colonne jaillissante d'huile, haute de près de 15 mètres, et surmontée d'un épais nuage de fumée, dû au gaz et à l'essence très-volatile mêlés abondamment à cette huile. Un foyer allumé se trouvait à environ 400 mètres de là. Avant qu'on pût donner l'alarme, le nuage combustible s'étendit de ce côté, le feu s'y communiqua comme à une traînée de poudre, et transforma en un clin d'œil le jet liquide en une immense flamme de plus de 50 mètres d'élévation. Le sol prit feu tout autour, et le cercle embrasé s'étendit en peu d'instants à tous les puits voisins, faisant sauter à son arrivée les bâtiments et les travailleurs.

L'incendie couvrit bientôt plus d'une lieue carrée : habitations, animaux, vergers, forêts, tout fut réduit en cendres. Les victimes humaines se comptèrent par centaines.

Cet épouvantable embrasement, comparable en volume et en étendue à une éruption volcanique, ne cessa que faute d'aliment, quand les puits furent taris ou bouchés par les éboulements.

Aujourd'hui, de pareils malheurs sont bien moins à craindre ; toutes les sources sont complétement encaissées et tubulées, les réservoirs sont métalliques et ferment hermétiquement.

Les incendies bornés à une seule usine ou un seul magasin qui se produisent, çà et là, ne comptent pas pour des Américains.

VI

Le transport et le prix du pétrole.

La production, qui croît tous les jours, est aujourd'hui achetée, divisée et livrée au commerce par de grandes compagnies ; on exploite par des pompes à vapeur les puits qui cessent bientôt d'être jaillissants. Les prix, qui ont longtemps subi les caprices du hasard et de la spéculation, se sont équilibrés.

Aux ports d'embarquement aux Etats-Unis, l'huile d'éclairage coûte en moyenne 33 centimes le litre, à Liverpool 42 centimes ; entrée en France, avec les droits et le bénéfice du marchand, elle coûtait à Paris avant la guerre 70 à 72 centimes, l'impôt la frappe aujourd'hui d'une surtaxe de 28 centimes, ce qui porte son prix à au moins un franc pour les bonnes qualités. Elle est encore cependant bien moins chère que l'huile de colza, d'autant que son pouvoir lumineux, à égalité de poids brûlé, est à celui du colza comme 5 est à 3.

Mais il est certain que les prix pourront diminuer à mesure que la consommation augmentera : car, en dehors des impôts et des frais de distillation, ils ne consistent guère qu'en frais de transports.

Prise aux puits, en effet, l'huile *brute* coûtait, suivant sa composition et l'achalandage de la localité, entre 2 et 5 centimes le litre. La distillation sur place doublerait tout au plus ce dernier chiffre. L'énorme écart qui existe entre les prix de production et de consommation est dû aux difficultés du transport sur les lieux, et aux risques nombreux d'accidents, tant dans la route terrestre et maritime, que dans le séjour aux magasins.

Aux pays de production, si récemment défrichés, les routes sont encore boueuses, les chevaux et les voitures rares, les chemins de fer et canaux éloignés. Les fûts assemblés ou les bateaux-réservoirs ont été longtemps envoyés par les petites rivières locales, gonflées au moyen de barrages que l'on rompt soudainement,

comme on fait pour transporter le bois des forêts montagneuses dans les Alpes ou dans le
Morvan. Mais maintes fois des échouages ou
des chocs violents ont perdu des trains entiers
dont la valeur s'est élevée quelquefois à plus
d'un demi-million.

Les nouvelles compagnies ont commencé à
faire construire et poser d'immenses suites de
tuyaux, comme les conduites d'eau de Paris,
longues de plusieurs lieues, qui amènent directement l'huile des lieux de production aux sta-
tions de chemins de fer ou aux canaux navi-
gables.

VII

Incendies de navires : leurs causes et leurs préservatifs.

Une seconde cause de l'élévation des frais de transport consiste dans les nombreux et épouvantables sinistres maritimes occasionnés par l'incendie des navires chargés de pétrole, soit en pleine mer, soit dans les ports. Nous avons éprouvé nous-mêmes à Bordeaux le plus terrible de ces incendies.

Remarquons que l'eau n'éteint pas le pétrole enflammé. Ce liquide, à la fois insoluble dans l'eau et plus léger qu'elle, surnage nécessairement et, une fois allumé, court en tous sens à sa surface, s'étendant avec une rapidité inouïe comme un rideau de feu qui entoure et embrase les autres navires, même très-éloignés, avant qu'ils aient pu faire un mouvement pour fuir.

Ces incendies de navires étaient dus à la

pernicieuse habitude d'embarquer le pétrole brut dans de mauvais fûts en bois fabriqués rapidement et grossièrement aux dépens des forêts voisines des puits d'extraction. La partie la plus légère et la plus inflammable du pétrole brut est plus liquide et plus subtile que l'eau, elle imbibe le tissu du bois et pénètre dans les fentes les plus étroites.

De plus, on sait aujourd'hui que l'augmentation de volume du pétrole par la chaleur est beaucoup plus grande que celle des liquides ordinaires, de sorte qu'au lieu de laisser libre en haut du vase fermé seulement un centième du volume, comme on fait en bouchant les bouteilles de vin, il faut laisser au pétrole près d'un dixième. Or, les fûts étaient souvent trop pleins au départ et pouvaient avoir à supporter en route les chaleurs de l'été.

Par toutes ces causes, le fond de cale des navires était bientôt inondé du résultat des fuites, et l'atmosphère de la cale, saturée de vapeurs combustibles, devenait nécessairement, comme nous allons bientôt l'expliquer, un mélange dé-

2.

tenant que la moindre étincelle devait enflammer.

Une telle imprudence nous paraît maintenant presque aussi folle que serait celle de
transporter de la poudre à canon jetée en vrac
dans la cale d'un navire.

Aujourd'hui les fûts sont rendus imperméables
par un procédé bien simple : on les enduit in-
térieurement d'une épaisse couche de colle
forte insoluble dans tous les composés de pétrole.

Sur les chemins de fer et les canaux américains, on emploie de grandes caisses de tôle
hermétiquement fermées au point d'être ino-
dores. Ces caisses sont entièrement pleines ; un
gros tube, partant du sommet et se recourbant
dans une caisse plus petite et pleine d'eau, permet la libre dilatation du liquide sans lui laisser le contact de l'air.

De puissantes compagnies ont même cons-
truit exprès de grands navires en fer à com-
partiments étanches, où l'huile est directement
versée par des tuyaux, adaptés aux robinets
de grands réservoirs en tôle établis aux ports

d'embarquement. On la débarque en l'envoyant au moyen de pompes dans des réservoirs pareils établis sur le quai d'arrivée; il est facile d'effectuer les deux opérations sans que l'atmosphère des appareils soit un seul instant au contact de l'atmosphère extérieure.

Depuis toutes ces précautions, le fret du pétrole a subi une baisse considérable, et le prix des assurances maritimes, que les fréquents sinistres avaient rendu exorbitant, a pu être réduit au même chiffre que pour les autres marchandises. Comme le prix de vente a cependant peu baissé, on conçoit que les premiers négociants, qui ont profité de ces nouveaux progrès, aient pu faire en peu de temps des fortunes colossales.

Le riche Américain qui s'est illustré récemment par l'énorme chiffre de ses dons aux œuvres de bienfaisance, le fameux Peabody, avait acquis sa fortune dans le commerce du pétrole.

On voit que si le pétrole a brûlé nos palais en Europe, il avait commencé par nous bâtir des hôpitaux et des écoles.

VIII

Les carbures d'hydrogène; l'huile de schiste; le pétrole français.

Étudions d'abord la nature du pétrole.

Le pétrole brut, tel qu'il sort du puits, est un liquide oléagineux, d'une couleur verdâtre ou brunâtre, d'une odeur bitumineuse plus ou moins insupportable. Celui de l'Inde a presque la consistance du beurre, tandis qu'il y a des sources en Pensylvanie et dans la Perse qui le donnent assez limpide pour être immédiatement brûlé dans les lampes.

Il est toujours plus léger que l'eau, d'autant plus qu'il est plus liquide; toutefois le poids du litre de pétrole brut ne varie guère qu'entre 800 et 900 grammes.

En réalité c'est un mélange, assez variable, d'une multitude de corps analogues de composition et de propriétés, dissous les uns dans les autres. Un certain nombre seraient à l'état

solide, s'ils étaient seuls; mais la grande majo-
rité est à l'état liquide.

Or, tous ou presque tous appartiennent à la
catégorie des corps que les chimistes appellent
carbures d'hydrogène, c'est-à-dire qu'ils ne
contiennent que les deux corps simples combustibles entrant dans les matières organiques,
le charbon et l'hydrogène, sans mélange d'autres substances qui refroidiraient leur flamme.
Celle-ci est donc plus chaude et plus lumineuse
que celle de tous les autres combustibles tirés
des tissus végétaux ou animaux.

Beaucoup d'autres substances que le pétrole
sont, comme lui, formées uniquement de charbon et d'hydrogène; ainsi c'est le cas de la
plupart des essences, comme celle de térébenthine, puis du caoutchouc, du blanc de baleine,
de la paraffine, de la naphtaline, de la benzine,
et enfin du gaz d'éclairage.

Il est vrai qu'il en est de même de ces liquides combustibles qu'on retire de la distillation à douce chaleur des houilles et des matières bitumineuses, liquides employés aussi
à l'éclairage sous le nom d'*huile de schiste*.

Au point de vue chimique, en laissant de côté l'odeur qui n'est qu'accidentelle, voici la différence qui existe entre les huiles de schiste et le pétrole, différence qui donne à ce dernier une certaine supériorité sous le rapport de l'éclairage.

Les carbures d'hydrogène dont le pétrole est le mélange, appartiennent à la série que les chimistes appellent « carbures d'hydrogène *saturés*,» c'est-à-dire contenant autant d'hydrogène que le charbon peut en retenir en combinaison ; cette série a pour chef de file le gaz des marais ou *grisou*, et peut être regardée comme du gaz d'éclairage condensé.

L'avantage que présente cette série est qu'étant relativement la plus riche en hydrogène, le plus combustible des deux éléments, c'est elle dont la combustion produit le plus de chaleur. Les carbures des essences et ceux des huiles de schiste qui contiennent une portion de charbon plus considérable, ont une flamme plus fumeuse, exigeant pour brûler entièrement un plus fort courant d'air, et cependant un peu moins blanche et moins éclairante parce que sa température est moins élevée.

La différence est toutefois insignifiante en pratique entre le pétrole et l'huile de schiste, tandis qu'elle est très-grande avec les corps gras utilisés dans les lampes et bougies ordinaires, dont la flamme refroidie par des composés oxygénés est plus jaune et moins lumineuse.

Un second avantage, qu'ont les carbures d'hydrogène sur les corps gras, est d'être inattaquables par les réactifs chimiques, soit acides, soit alcalins, d'être inoxydables par l'air à froid, d'être par conséquent exempts du défaut qu'ont les huiles végétales de rancir ou de s'épaissir en se résinifiant.

Il en résulte d'abord que les carbures bien purifiés se conservent indéfiniment sans s'altérer, mais surtout que les plus épais, qui ne sont pas volatils, peuvent servir à graisser les machines. En effet, ce dernier usage constitue un certain débouché pour la partie la plus lourde des huiles de pétrole comme des huiles de schiste.

Ajoutons que les huiles de schiste et de houille ont fourni une application précieuse que ne permet pas le pétrole, et qui a pu, depuis l'invasion de celui-ci, entretenir une certaine exploitation de matériaux bitumineux qui seraient restés autrement sans valeur. Le carbure d'hydrogène le plus abondant dans ces huiles est la *benzine*, ce liquide volatil si employé aujourd'hui au dégraissage, sous les noms de zuccani, benzol, benzine-Collas, etc.

Or, cette benzine, traitée par l'acide nitrique, donne la *nitrobenzine* (la fausse essence d'amandes amères de la parfumerie à bon marché), et celle-ci est la matière première de la fabrication de *l'aniline* et de toutes ces splendides couleurs, comme le rouge magenta, le bleu solferino, et tant d'autres, dont l'industrie des tissus consomme aujourd'hui pour des millions.

Comme l'infériorité des huiles de schiste pour l'éclairage tient en réalité beaucoup plus à leur odeur qu'à leur composition, lorsque la surabondance des huiles américaines sera écoulée, et que les perfectionnements des procédés de distillation et de désinfection seront entrés dans la pratique, les huiles de schiste, qui ont l'avantage d'être françaises, pourraient bien définitivement reprendre faveur, et faire à leur tour oublier le pétrole.

Afin d'arriver à ce but, la France n'aura qu'à recommencer, pour les huiles minérales, ce qu'elle a fait pour la houille, dont il semblait d'abord que l'Angleterre garderait le monopole.

La houille, le trésor et l'arme des Anglais, méritant bien mieux que le diamant, disaient-ils à l'exposition de 1851, le nom de *Kohinoor* ou montagne de lumière, la houille, cette source inépuisable de force que le soleil des temps géologiques a mis des milliers de siècles à accumuler pour l'homme, et que nous allons gaspiller en deux ou trois cents ans, la houille, dont les mines actuelles partagées entre quatre nations d'Europe ont près de trois fois la valeur de toutes les mines d'or et d'argent du monde entier, la houille semblait devoir manquer en France, et nous rendre tributaires de nos trois voisins du Nord. Nous avons fouillé notre sol et nous y avons trouvé des couches peut-être plus profondes et moins riches que celles de nos voisins, mais qui suffisent aujourd'hui à nous donner en un an treize millions de tonnes de

houille sur les dix-huit millions que nous dé—
pensons.

Le rapprochement que nous faisons ici des
huiles minérales et de la houille est plus jus-
tifié qu'on ne le penserait au premier abord. Ces
deux sortes de substances sont en effet aussi
proches parentes que possible. Elles ont à peu
près la même origine, peuvent servir aux mêmes
usages et par conséquent offrent pour nous la
même importance.

IX

L'origine géologique du pétrole.

On a appelé le pétrole *la houille liquide*, et c'est à juste titre. Parmi les opinions qu'ont mis en avant les géologues pour exprimer son origine, la plus ordinaire est que le pétrole serait le produit d'une sorte de distillation des houilles par la chaleur du globe.

L'énorme pression des couches supérieures expliquerait comment le résultat ne se trouve pas être de la même famille chimique que l'huile de schiste que nous produisons, nous, par cette même distillation : la grande quantité d'hydrogène que nous dégageons sous forme de gaz d'éclairage resterait fixée par la pression et fournirait les carbures les plus hydrogénés. La houille, débarrassée de ses éléments volatils, serait transformée en *anthracite* ou charbon de pierre, et les couches supérieures, plus froides, condenseraient dans leurs pores les produits de la distillation.

D'après cette explication, très-ingénieuse d'ailleurs, les roches pétrolifères devraient toujours être supérieures à l'anthracite, et accompagner partout celle-ci. Il se trouve précisément que la région américaine si riche en pétrole est en même temps exceptionnellement riche en anthracite. D'où l'espoir qu'en cherchant bien, on devrait trouver, sinon du pétrole là où on a trouvé de l'anthracite, au moins toujours de l'anthracite là où on a trouvé du pétrole.

Malheureusement pour cette manière de voir, le pétrole d'Amérique se trouve le plus souvent *au-dessous* du terrain houiller et de son anthracite, et il n'y a pas trace de cette dernière substance aux environs de beaucoup de gîtes pétrolifères très-riches, comme ceux du Canada, des rivages de la mer Morte et de la mer Caspienne. De plus, dans un même district, des puits même très-voisins donnent des huiles très-différentes, ce qui n'arriverait pas si ces huiles étaient un produit de distillation transporté au loin par des fissures.

Le pétrole d'Amérique imprègne presque toujours des roches des deux formations immédiatement antérieures à la houille, qu'on désigne sous le nom de terrains *dévoniens* et terrains de *calcaire carbonifère*.

Remarquons qu'en France ces terrains nous fournissent des marbres noirs communs, dont la matière colorante est de nature organique : car, chauffés au rouge, ils donnent de la chaux de couleur blanche, en dégageant une odeur désagréable, déjà sensible quand on brise certains bancs de la carrière.

C'est que ces roches se formaient sous les mers aux premières époques où la vie apparaissait sur le globe. Le monde végétal et le monde animal étaient surtout représentés alors par des types d'organisation très-inférieure dont la plupart devaient être privés de parties dures, comme sont aujourd'hui les algues parmi nos végétaux et les méduses parmi nos animaux. Aucun produit de leur putréfaction n'ayant la forme solide, les résidus n'ont pu qu'imprégner la roche quand ils n'étaient pas très-abondants, et surtout quand cette roche poreuse a pu permettre l'évaporation des produits les plus volatils.

Mais là où il s'est trouvé à la fois que les êtres organisés étaient très-abondants et la roche presque imperméable, comme le sont précisément les grès pétrolifères d'Amérique, les résidus liquides de la décomposition chimique de ces êtres ont dû s'accumuler sur place et remplir toutes les fissures accidentelles de la roche.

Ce sont ces fissures, ordinairement obliques, que rencontrent les puits verticaux creusés dans la roche à la recherche du pétrole. La partie supérieure de chaque fissure est occupée par des gaz combustibles très-comprimés, la partie moyenne par le pétrole, la partie inférieure par de l'eau. Il faut que le puits rencontre précisément la partie moyenne pour que ce soit le pétrole qui, pressé par l'élasticité des gaz, vienne jaillir à la surface du sol.

La faible proportion d'azote que contiennent les pétroles naturels nous montre qu'aux époques de leur formation, les végétaux étaient en quantité énormément prédominante. Or, lorsque les matières premières des tissus végétaux,

la cellulose et la fécule, formées d'un même
nombre de proportions de carbone, d'hydrogène et d'oxygène, sont décomposées lentement
à l'abri du contact de l'air, tout leur oxygène
est employé à former : 1° du gaz carbonique
avec une partie de leur charbon, et 2° de l'eau
avec une partie de leur hydrogène. Si c'est le
premier emploi qui prédomine, il reste des carbures surhydrogénés, c'est-à-dire du pétrole;
si le second devient fréquent, on a des carbures
moyennement hydrogénés comme la benzine et
les bitumes; enfin, si le second prédominait tout
à fait, il ne resterait guère que du charbon, ou
au moins un solide charbonneux imprégné des
bitumes.

Le dernier cas serait celui de l'époque houil-
lière, où les plantes fibreuses devenaient relativement abondantes, tandis que le premier cas
a été fréquent dans les époques antérieures à
la houille, ère de l'exubérance de la végétation
cellulaire primitive.

L'origine du pétrole est donc tout à fait
semblable à celle de la houille, dont il ne diffère qu'en ce que les matières organiques qui

l'ont fourni étaient plus molles, mieux isolées de l'action de l'air, et décomposées dans des circonstances favorisant plutôt la formation du gaz carbonique que celle de l'eau.

Le mot est donc excellent : le pétrole est de la houille liquide.

X

La purification et la distillation du pétrole brut.

Examinons maintenant sa manipulation, c'est-à-dire la division industrielle qu'on en fait en divers produits, et les usages de ces divers produits.

Voici comment les choses se passent dans les meilleures usines d'Amérique et d'Angleterre, où les dérivés du pétrole sont très en honneur, beaucoup plus employés, et par conséquent mieux fabriqués qu'en France.

Nous avons dit que le pétrole brut est un mélange de plusieurs carbures d'hydrogène de la même famille, celle des carbures saturés, dont le chef de file est le grisou ou gaz des marais. Une faible quantité de matières bitumineuses, d'acides et d'alcalis organiques s'y trouve mêlée et doit en être enlevée.

3.

Cette opération, qui se fait souvent après la première distillation, consiste à agiter le liquide, dans des sortes d'énormes barattes, avec de l'acide sulfurique d'abord, puis avec une lessive de soude caustique. Tout ce qui est hydraté, azoté, acide, alcalin, en un mot, tout ce qui n'est pas carbure d'hydrogène pur, est dissous et reste dans l'acide sulfurique ou dans la lessive.

Quand à la distillation, elle se fait dans un immense appareil analogue à ceux qui servent à faire l'alcool en grand, mais contenant jusqu'à 60 et 80 mètres cubes. Les usines qui tiennent à avoir des produits purs et sans odeur ne chauffent pas d'abord à feu nu, mais au moyen de la vapeur d'eau bouillante bien ménagée, dont on augmente peu à peu la pression.

Dès la première impression de la chaleur, on voit se dégager des gaz qui étaient restés dissous dans le liquide. Ce sont des carbures d'hydrogène dont le premier, le gaz des marais, forme plus des trois quarts de notre gaz d'éclairage, et dont les autres, plus condensés et plus éclairants, ont été trouvés en quantité notable dans ce même gaz.

Les chimistes les nomment « hydrures de méthylène, d'éthylène, de propylène et de butylène ». Ce dernier, liquéfiable à la température de la glace, est dissous en quantité assez grande dans le pétrole brut, contribuant beaucoup à lui donner sa terrible inflammabilité. Les autres étaient déjà dégagés presque complétement dans les puits, s'étant accumulés dans la partie supérieure des fissures des terrains pétrolifères, et c'est leur pression qui faisait jaillir le liquide, sitôt que le trou de sonde avait atteint le liquide d'une de ces fissures.

Lorsque la chaleur commence à élever sensiblement la température du pétrole dans l'appareil distillatoire, on reçoit successivement dans les serpentins des liquides d'abord très-volatils et semblables à des *éthers,* puis peu à peu d'autres qui ressemblent à des *essences,* et enfin, quand on élève la température au-delà de 100°, on reçoit les liquides qui peuvent être employés comme *huile d'éclairage.*

MM. Pelouze et Cahours ont réussi à séparer

les divers carbures qui se mélangent ainsi
successivement : le plus volatil, l'hydrure
d'amylène, le cinquième dans la série, bouillerait à 30° s'il était seul ; le suivant, sixième dans
la série, à 61° ; le septième à 90° ; puis, dans ceux
que fournit l'emploi de la vapeur surchauffée,
vient le huitième qui bouillerait seul à 117°, le
neuvième à 143°, le dixième à 168°, le onzième
à 192°, le douzième à 216°, etc. Le travail
d'analyse n'a pas été étendu à tous les autres
qui bouillent au-delà de 200°, mais on voit que
la série se continue régulièrement : ainsi les
mêmes chimistes ont isolé le seizième carbure
qui bout à 286°.

Dans la distillation industrielle, les carbures
successifs ne sont pas séparés aussi nettement,
ils passent ensemble dans les réfrigérants
comme font l'eau et l'alcool dans la fabrication des esprits de vin. Mais on fractionne les
produits, de manière à avoir séparément des
liquides propres à des usages distincts.

XI

Les éthers et les essences de pétrole.

On met d'abord de côté, dans les bonnes usines, le produit de la distillation opérée jusqu'à la température tiède de 50° environ. Il contient tout ce qui restait dans le pétrole de ce carbure gazeux liquéfiable à 0°, le n° 4 de la série, et à peu près tout le n° 5, qui bout à 30°, avec une certaine quantité du n° 6. Le mélange porte le nom *d'éther de pétrole*, en Angleterre de *Kerosolène*. Ce liquide, éminemment inflammable, excessivement léger, car il ne pèse que 650 à 680 grammes le litre, est un puissant dissolvant des graisses, des résines et surtout du caoutchouc. On l'emploie à cet effet dans l'industrie pour remplacer le *sulfure de carbone*, liquide à peu près aussi inflammable, mais de plus horriblement infect et pernicieux pour la santé. La quantité d'éther de pétrole obtenu dans les usines est très-faible, mais sa séparation a surtout pour but de rendre moins dangereux le produit suivant.

Ce second produit mis de côté est celui qui distille entre 50° et 120° environ, et contient les carbures n° 6, n° 7 et n° 8 ; il est en quantité beaucoup plus grande et bien connu en France sous le nom d'*essence de pétrole* ou *essence minérale*. Les Anglais l'appellent aussi *substitut de la térébenthine*, ou même *benzine*, suivant qu'il est employé par les peintres ou par les dégraisseurs. Non-seulement, en effet, l'essence de pétrole est bonne à employer à l'éclairage dans ces petites lampes à éponge ou à fermeture hermétique, si communes aujourd'hui chez nous, mais elle est excellente, si on peut l'avoir de qualité constante, pour faire les vernis et pour délayer la peinture en bâtiments, qui coule plus librement du pinceau, et sèche plus vite, que la peinture à l'essence de térébenthine.

L'essence minérale est aussi un dissolvant, presque aussi bon que l'éther de pétrole ; on ne sait pas assez que dans l'économie domestique elle peut remplacer avantageusement les ben-

zines et autres liquides, vendus en petites bouteilles coûteuses, pour enlever les taches des
habits. Il suffit, pour s'en servir avec succès
sur les tissus les plus délicats, de vérifier si
elle est bien complétement volatile ; pour cela,
on en humecte un morceau de papier blanc, et
on examine si, au bout de quelques minutes, la
tache a disparu sans laisser aucune trace per-
manente.

Nous reviendrons tout à l'heure sur le danger
évident qu'offre son maniement au voisinage
d'un foyer ou d'une flamme. Nous pouvons toutefois, ici, la disculper de l'accusation portée
contre son odeur, au point de vue hygiénique. L'expérience des nombreux débitants et
garde-magasins, qui respirent journellement
l'air imprégné des vapeurs des huiles minérales, prouve que ces vapeurs n'ont absolument aucune action nuisible à la santé, bien
moins qu'aucune des odeurs végétales. On sait
même que le séjour dans l'atmosphère chargée
de vapeurs identiques, dans les usines à gaz,
est un moyen curatif des coqueluches des enfants et de quelques maladies analogues.

XII

L'huile d'éclairage.

Nous arrivons au troisième produit, le plus important de tous, puisqu'il forme plus de la moitié et même souvent plus des deux tiers du pétrole brut: c'est *l'huile d'éclairage*.

Elle passe à la distillation lorsque la vapeur d'eau à 120° ne fournissant plus de résultat, on porte peu à peu, dans un autre alambic disposé à cet effet, la température de la masse liquide depuis 120° jusqu'au delà de 300°. Cette huile doit donc se composer d'un mélange des carbures qui suivent le n° 9, au nombre de huit ou dix, suivant la température à laquelle on s'arrête.

L'intérêt du fabricant est de produire le plus d'huile possible, mais il est limité d'un côté par la condition imposée par la loi, que le pétrole distillé vendu comme huile d'éclairage ne doit pas prendre feu dans une cuiller au contact d'une allumette enflammée, et de l'autre par ce fait que les carbures trop peu volatils étant plus épais et plus denses, ne montent plus aussi bien par capillarité dans la mèche et là font charbonner : ce qui nuit énormément à la lumière.

On peut assez bien reconnaître le degré de volatilité d'une huile par sa densité, car tous ces carbures sont d'autant plus lourds qu'ils sont plus facilement vaporisables. Nous avons vu que l'éther de pétrole pèse environ 650 grammes le litre ; les essences du commerce pèsent de 700 à 720 grammes ; les huiles les plus éclairantes et les plus facilement inflammables, pèsent de 790 à 800 grammes, elles sont déjà très-médiocres 810 grammes, mais si elles arrivent à peser 820 grammes, elles ne montent plus assez bien dans la mèche ; il faudrait probablement, pour qu'on pût s'en servir, un mécanisme comme pour l'huile des lampes ordinaires.

La bonne huile d'éclairage doit être très-limpide ; son odeur doit être absolument insensible à 20 ou 30 centimètres de distance, et les lampes qui la contiennent doivent pouvoir rester, comme les lampes à huile de colza, éteintes toute une journée dans une pièce, sans qu'on s'aperçoive de leur présence.

Sa couleur doit être à peine ambrée et non pas jaune; les Américains en produisent maintenant qui est aussi incolore que de l'eau et sans odeur appréciable.

Sa lumière doit être très-blanche et très-brillante, et la mèche, après avoir servi plusieurs heures, doit contenir si peu de charbon qu'il n'y a aucune nécessité de la couper avant d'allumer de nouveau la lampe; à peine le frottement du doigt enlèvera-t-il un peu de poussière charbonneuse; l'usure de la mèche n'atteindra pas un centimètre par mois.

Les becs ronds, que l'on surmonte d'un verre cylindrique étranglé à un centimètre au-dessus de la flamme, sont très-préférables aux becs plats, où l'étranglement qui cause le tirage et l'éclat de la flamme est une sorte de bouche au haut d'une petite cloche en laiton, surmontée d'un verre renflé par en bas. Ces derniers becs s'échauffent davantage et risquent de produire un mélange détonant dans la lampe, quand elle n'est pas pleine; la flamme a un aspect moins agréable, l'allumage est plus difficile, et surtout les verres se brisent plus souvent, par les courants d'air. Les becs ronds bien construits coûtent quelques centimes de plus et économisent dix fois leur prix rien que par la grande durée des verres, qu'il faut choisir minces et légers.

Il n'est besoin d'aucun mécanisme pour faire monter dans la mèche, jusqu'à siccité, l'huile légère qui distille entre 120° et 300°. Cela tient à ce qu'elle est remarquablement fluide.

La distillation du pétrole peut être faite, soit d'une manière continue, soit à plusieurs reprises, suivant la perfection et la dimension de l'appareil. Mais on est toujours obligé de l'interrompre au moins une fois, entre 200° degré et 250°, pour retirer de l'huile un élément qui, si on le laissait, nuirait beaucoup à cette qualité précieuse de la fluidité.

XIII

La paraffine ou cire de pétrole.

Ce n'est plus la chaleur qui va servir à cet effet, c'est le froid. On utilise, pour l'obtenir, les nuits sans nuages, et surtout les gelées de l'hiver.

On met l'huile dans un très-grand bassin peu profond et très-découvert, où elle se refroidit aussi près que possible de la température de la glace.

On voit alors apparaître sur le pourtour du bassin, puis bientôt sur toute sa surface, une couche de plusieurs centimètres d'une substance solide blanche, en petites écailles nacrées comme des écailles de poisson. Ce sont les carbures solides qui étaient dissous dans les liquides et qui cristallisent par refroidissement : le plus abondant et le mieux étudié de ces corps était déjà connu et employé depuis longtemps, parce que l'huile de schiste, dans les mêmes circonstances, en fournit une grande quantité, beaucoup plus grande même que n'en fournit le pétrole.

C'est la *paraffine*, dont on fait ces belles bougies transparentes, qui donnent une si magnifique lumière, et qui coûtent moins cher que notre chandelle en Angleterre. On ne peut leur reprocher que le défaut de couler un peu trop vite en été, leur point de fusion se rapprochant plus de celui du suif que de celui de la cire.

Quoi qu'il en soit, voilà une quatrième substance précieuse, la *cire de pétrole*, que les Américains retirent du pétrole brut. On la sépare du résidu liquide en l'enlevant avec des sortes d'écumoires, puis en exprimant l'huile interposée au moyen de la presse hydraulique. C'est alors une masse jaune très-semblable à la cire d'abeilles brute, mais que l'on peut rendre parfaitement incolore par une épuration chimique.

La partie restée liquide malgré le refroidissement est alors réintégrée dans des appareils de distillation, où l'action de la chaleur va encore en retirer d'autres produits utiles.

XIV

Les huiles de graissage.

On sait que les machines ont besoin, pour que leur mouvement n'absorbe pas en frottements une grande partie de la force motrice, d'être lubréfiées par un corps gras, toujours renouvelé sur les surfaces frottantes et frottées. La quantité de corps gras, demandée pour cet usage au commerce, est très-considérable.

Or, les huiles et les graisses provenant des végétaux et des animaux ont le grave inconvénient d'absorber l'oxygène de l'air pour se transformer en vernis ou résines solides, qui finiraient par augmenter les frottements au lieu de les diminuer. Au contraire, les carbures d'hydrogène, surtout ceux du pétrole, comme nous l'avons vu, ne subissent aucune action de la part de l'air. Les moins bons pour l'éclairage sont précisément les meilleurs pour le graissage, parce qu'ils sont plus onctueux d'abord, et en-

suite parce que la chaleur produite par le frottement ne les vaporise pas.

On les sépare par la distillation en trois qualités : celles qui distillent les premières, à partir
de 300 ou 320°, pesant de 830 à 840 grammes
par litre, sont appelées *huiles de graissage légères*. Elles ont à peu près l'apparence de
l'huile de colza, et pourraient à la rigueur la
remplacer dans des lampes à mécanisme : on
pourrait peut-être remédier à sa fumée et à son
odeur par quelques modifications dans le bec
et le verre de ces lampes. Mais on en tire meilleur parti en l'employant à lubréfier les parties
les plus délicates des machines, ou celles qui ne
marchent pas à grande vitesse.

Pour les axes et essieux tournant à grande
vitesse, et pour les grosses machines, on pré-
fère les *huiles de graissage lourdes*. Celles-ci
pèsent 850 à 900 grammes le litre et, étant
moins volatiles, sont moins facilement vapori-
sées par la chaleur du frottement.

Enfin souvent le résidu onctueux et goudron-
neux que l'on obtient quand on ne pousse pas à
fond la distillation est utilisé pour graisser les

roues de charrettes, les moulins, etc., sous le
nom de *graisse de pétrole.*

Si au contraire on pousse la distillation à
fond pour augmenter la quantité d'huile lourde,
il reste dans la cornue un résidu de coke com-
pact, qui peut à la rigueur être utilisé comme
combustible.

XV

L'industrie du pétrole en France.

Voilà donc le pétrole brut, qui à l'état naturel ne pouvait guère être utilisé que comme un combustible dangereux, fumeux et puant, partagé par la distillation en *sept* substances, présentant chacune au plus haut degré les qualités que l'industrie leur demande, et ayant par conséquent acquis une très-grande valeur.

Il est triste d'être obligé de dire que cet idéal est loin d'être atteint en France. Deux substances seulement sur les sept sont utilisées, et il s'en faut qu'elles vaillent celles que l'on fabrique en Amérique. A qui la faute? Ce n'est pas aux fabricants qu'il faut s'en prendre; ils fournissent ce qu'on leur demande. C'est aux débitants, qui recherchent les qualités inférieures pour abaisser leur prix, et attirer les clients, et surtout à ces clients, qui se laissent sottement prendre à l'amorce de cinq centimes de meilleur marché, et paient en réalité de mauvais produits bien plus cher qu'ils ne valent.

Il en est toujours ainsi dans notre pauvre pays, où d'un côté l'esprit de routine et les préjugés, de l'autre l'exploitation égoïste et cupide de l'ignorance publique, viennent se mettre en travers de tout progrès intelligent.

Qu'arrive-t-il? Tandis qu'en Angleterre la confiance acquise multiplie la consommation et encourage les perfectionnements, en France, la peur « d'être attrapé » rend les essais timides, en même temps que la grande proportion des charlatans rend ces essais malheureux, de sorte que les nouveautés ne gardent qu'un très-petit nombre d'amateurs.

Pour le pétrole, en particulier, les préjugés ont été entretenus par la mauvaise qualité des premiers produits; l'éclairage seul, à cause de l'économie évidente, a pris quelque extension, surtout depuis l'invention des lampes à essence, qui à permis d'améliorer la qualité de l'huile.

Aujourd'hui la distillation, faite à feu nu dans des appareils primitifs et trop petits, ne fournit que deux produits commerciaux, *l'essence*, poussée jusqu'à 150°, et *l'huile*, qui, poussée jusqu'à 400° au moins, contient ordinairement des carbures lourds et fumeux, jaunes et puants, grâce auxquels le colza vit encore.

Il y a une belle place à prendre dans l'industrie française pour celui qui saurait sacrifier les résidus et les produits inférieurs, et maintenir chez ses débitants, par un contrôle vigilant en échange de sa garantie nominale, des produits toujours purs, toujours constants de qualité; il donnerait rapidement à tous les dérivés du pétrole la confiance publique.

D'ailleurs, l'importance de ces dérivés peut augmenter encore, et les résidus seraient éminemment propres à un certain nombre d'usages auxquels la houille, qu'on y emploie en ce moment, convient moins bien qu'eux.

XVI

Le gaz de pétrole.

Un premier usage possible des dérivés du pétrole ou des huiles minérales qui se trouveraient à la fois abondants et peu coûteux, est la fabrication en grand du *gaz d'éclairage* : il est évident que le pétrole, si riche en hydrogène, est plus propre à produire des gaz éclairants que les houilles, même les plus grasses et les plus flambantes. Il suffit, pour qu'on y trouve avantage, que le prix du pétrole brut ou de l'une de ses fractions soit inférieur à celui de la houille : c'est ce qui arrive en Amérique, près des lieux de production.

Cet emploi consomme même une très-forte partie du produit brut des puits américains : le gaz obtenu a l'avantage d'être cinq ou six fois plus éclairant que le nôtre à volume égal, et surtout de ne contenir aucune impureté sulfureuse et de n'avoir pas besoin d'épuration chimique.

Ce dernier avantage pourrait bien compenser le prix plus élevé que coûterait le gaz de pétrole en Europe, si les inconvénients du soufre du gaz ordinaire devaient avoir une gravité exceptionnelle; s'il s'agissait, par exemple, d'éclairer une galerie de tableaux ou un édifice rempli de peintures à fresque. Le gaz de pétrole conviendrait d'autant mieux alors, qu'il est comparativement facile de le préparer en petit.

On a déjà, du reste, commencé d'utiliser à l'éclairage en grand les produits dangereux du pétrole, l'éther et l'essence, et les appareils *Mille* ou autres sont employés en grand dans beaucoup de gares et d'usines de province.

N'oublions pas que la seule fabrication du gaz consomme des milliards de kilogrammes de houille; rien que pour éclairer Paris, qui a 500,000 becs, et Londres, qui en a 1 million, cela fait, à 200 mètres cubes de gaz ou 1,000 kilogrammes de houille par bec et par an, 1,500,000 tonnes, gros comme la butte Montmartre, pour éclairer deux villes!

On conçoit l'inquiétude des Anglais, de voir s'épuiser bientôt la source de leur puissance, et l'intérêt que doit présenter, pour eux comme pour nous, cet emploi possible des éléments les plus volatils du pétrole et de toutes les huiles minérales.

L'utilisation de ces éléments volatils à l'éclairage public des bourgs privés de gaz, aurait d'ailleurs l'avantage de restreindre la consommation domestique de l'essence minérale, seul produit du pétrole réellement dangereux entre des mains ignorantes.

XVII

Les navires à vapeur et les locomotives.

Un autre emploi, d'autant plus important qu'il peut avoir de graves conséquences au point de vue militaire et par suite politique, c'est le chauffage des *chaudières à vapeur,* auquel seraient surtout propres, au contraire, les produits de distillation les moins inflammables, c'est-à-dire les huiles lourdes utilisées aujourd'hui au graissage.

C'est surtout dans la navigation à vapeur que le chauffage par le pétrole peut opérer une véritable révolution. Un steamer peut en effet brûler en une vingtaine de jours un poids de charbon de terre égal à tout son tonnage. Les transatlantiques ont environ le tiers de leur charge en charbon, et ne peuvent marcher à la vapeur plus de dix jours de suite. La construction du Great-Eastern a eu surtout pour raison la condition exigée de se rendre directement et sans escale, d'Angleterre aux Indes.

Voilà pourquoi les vaisseaux de guerre à vapeur ont, comme les anciens vaisseaux de ligne, tout un gréement pour la navigation à voile. Sans cela ils seraient forcés de regagner un port tous les huit jours, c'est-à-dire que les croisières en haute mer leur seraient interdites.

Or les huiles minérales occupent, à poids égal, moitié moins de place que la houille, et donnent deux fois plus de chaleur : donc déjà la traversée peut être quatre fois plus longue, ou la cargaison commerciale deux fois plus forte.

Mais ce n'est pas là le seul avantage ; la combustion de l'huile ne donne aucune fumée, et supprime par conséquent ce panache indicateur qui trahit, en temps de guerre, la marche du navire ; de plus, le personnel employé à la machine est beaucoup moins nombreux ; enfin l'allumage et l'extinction des feux peuvent se faire avec une rapidité bien précieuse pour la manœuvre.

Ces avantages peuvent s'étendre au chauffage des locomotives : le parcours possible sans arrêt peut être quadruplé, en remplaçant le charbon par des huiles minérales, d'autant mieux que M. Henri Sainte-Claire Deville, notre célèbre chimiste, auteur des expériences, a trouvé le moyen de faire servir à l'alimentation des chaudières l'eau produite par la combustion de l'hydrogène de l'huile.

De plus, la suppression de la fumée a une grande importance hygiénique pour le parcours des tunnels ; les locomotives à pétrole sont les seules qui puissent franchir, sans inconvénient pour les voyageurs, l'immense tunnel du Mont-Cenis.

XVIII

Les accidents du pétrole et ceux du gaz.

« Tout cela est fort beau, me direz-vous, mais vous oubliez les explosions, les conflagrations subites et épouvantables que va causer à chaque instant une substance aussi dangereuse. Ce pétrole est une poudre; vous nous l'avez dit vous-même; le mettre ainsi tout près du feu, c'est courir au-devant d'un danger terrible et inévitable. Le pétrole et ses dérivés ne peuvent retrouver l'estime publique que lorsqu'on sera sûr d'avoir des moyens infaillibles de les empêcher de nuire, et comme l'expérience prouve malheureusement que nous sommes loin d'avoir ces moyens, il est sage de laisser pour le moment de côté ces nouveaux auxiliaires dont nous ne sommes pas les maîtres. »

Remarquons qu'on en a dit tout autant à l'occasion de chacune des grandes inventions qui ont révolutionné l'industrie moderne. Les

bateaux à vapeur, les chemins de fer, l'éclairage au gaz, ont soulevé l'opposition la plus
vive, au nom de la sécurité publique menacée
par l'énormité des catastrophes qu'ils pouvaient
provoquer. Il serait facile de trouver dans les
pamphlets de Charles Nodier et dans les opus-
cules de Clément Desormes, en 1816, des argu-
ments certes aussi spirituels et aussi savants
qu'on peut les désirer, s'appliquant parfaitement au pétrole, qui s'appliquaient à cette
époque au gaz d'éclairage.

Qui penserait aujourd'hui à supprimer le
gaz d'éclairage? Ce ne sont toujours pas ceux
qui ont vu les soirées de Paris pendant le siége.

Or les explosions, les incendies, les accidents
de toute nature causés par le gaz, ont été sinon
aussi terribles, au moins aussi fréquents que
ceux causés par le pétrole. Si on remarque que
le grisou des mines de houille n'est que du gaz
d'éclairage naturel, on en concluera même que
la liste des victimes du gaz est peut-être encore
plus longue et plus lamentable que celle du
pétrole.

Cependant la frayeur du gaz a fait son temps,

et les accidents sont devenus insignifiants, aussitôt que l'usage du corps nouveau s'est assez répandu pour que tout le monde fût au courant de ses dangers et habitué à son maniement.

Les malheurs causés par l'homme, lorsqu'ils ne sont pas dus à sa mauvaise volonté, sont dus à son ignorance. Avant d'entreprendre d'utiliser une nouvelle chose, il faut s'occuper d'acquérir toute la somme possible de connaissances applicables à cette chose.

Nous allons mettre ici même ce précepte en pratique, et comme ce sujet des explosions et des incendies est certainement celui qui offre pour la plupart de nos lecteurs le principal intérêt de la question que nous traitons; comme il n'y a peut-être pas de point d'instruction sur lequel courent plus de préjugés et d'erreurs populaires que celui des inflammations et des explosions, pour être sûrs d'être compris, nous allons commencer par rappeler en peu de mots, à ceux qui les auraient oubliées, quelques notions scientifiques indispensables à notre explication.

XIX

Les vapeurs et leur limite de formation.

Un peu de physique d'abord, au sujet du mot *vapeur*, dont l'acception, dans le langage ordinaire, n'est pas du tout d'accord avec l'acception scientifique.

La plupart des liquides sont volatils, c'est-à-dire qu'ils peuvent prendre la forme d'un gaz transparent et invisible comme l'air, soit lentement et à froid par leur surface libre, ou, comme on dit, en *s'évaporant*; soit en produisant des bulles dans leur profondeur quand on les chauffe à un point fixe, ou, comme on dit, en entrant en *ébullition*.

La vapeur, c'est-à-dire l'état gazeux d'un corps habituellement liquide, ne diffère des gaz ordinaires qu'en un point : c'est qu'il ne peut pas y en avoir, dans un espace donné, au-delà d'une certaine limite, à laquelle on dit que l'espace est saturé. Cette limite dépend de la température de l'espace occupé et croît très-rapidement avec elle, en sorte qu'en été, à 20 degrés, il y en a plus de deux fois plus qu'au printemps à 10 degrés, et qu'il y en aurait à 40 bien plus de quatre fois.

Si la vapeur formée à chaud vient à se refroidir, elle se précipite donc en majeure partie, sous forme d'une poussière très-fine ayant l'apparence d'une fumée, qu'on désigne souvent elle-même, mais bien à tort, sous le nom de vapeur. Ainsi les nuages du ciel et les brouillards ne sont pas de la *vapeur* d'eau, mais de la *poussière* d'eau. La vraie vapeur est aussi invisible et aussi transparente que le reste de l'air.

Quand on veut mesurer la quantité d'une vapeur que contient l'air, on estime la part de pression barométrique qu'elle soutient. Ainsi, sur les 75 centimètres de mercure qui seront soutenus par l'air dans un baromètre, l'azote de l'air en portera pour sa part environ 59, l'oxygène environ 15, la vapeur d'eau, dans une belle journée ordinaire de printemps, environ *un*, et l'acide carbonique seulement une fraction de millimètre.

Supposons que nous enfermions hermétiquement dans un vase un certain volume de
cet air, avec la cuvette de ce baromètre, et
que nous y fassions pénétrer sans l'ouvrir
quelques gouttes de benzine, ou de chloroforme, ou d'essence de pétrole, nous verrions le
mercure monter dans la grande branche du
baromètre, la vapeur s'ajoutant aux autres gaz
de l'air, et s'il s'arrêtait, par exemple, à 3 centimètres plus haut, nous dirions que la *tension
de vapeur* du liquide à cette température est
de 5 centimètres. La vapeur de cet espace
serait donc les 5/78 de tout l'ensemble, et l'on
pourrait dire que cet air est devenu un mélange
contenant 5 de vapeur contre 15 d'oxygène,
mélange dont il serait éminemment dangereux
d'approcher une flamme, car il prendrait feu
instantanément, en détonant comme de la
poudre.

XX

La combustion et l'explosion.

Un peu de chimie maintenant, pour expliquer cette détonation.

Tout le monde sait, ou doit savoir, que la combustion d'un corps est sa *combinaison* avec l'oxygène, laquelle produit une chaleur ordinairement assez vive pour être lumineuse. Le résultat de cette combinaison est ce qu'on appelle un corps *brûlé* ou, comme disent les chimistes, oxydé.

Ainsi les paillettes de fer, qui brûlent en étoiles dans les bouquets d'artifice ou à la tuyère de la forge, retombent transformées en perles d'oxyde noir de fer ; le zinc mêlé à la poudre des feux de Bengale devient leur fumée blanche, fine poussière qui n'est autre que du blanc de zinc (oxyde de zinc), comme la fumée des fils de magnésium enflammés n'est autre que de la magnésie blanche (oxyde de magnésium).

Mais dans les combustibles fournis par les tissus vivants, bois, papier, cire, huile, les deux éléments qui brûlent, le *charbon* et l'*hydrogène*, produisent en s'unissant à l'oxygène deux corps gazeux et par suite invisibles ; le premier, le charbon brûlé, est le gaz *acide carbonique*, le même qui sort de l'eau de seltz et du vin de Champagne ; le second, l'hydrogène brûlé, est tout simplement de l'*eau*, nécessairement en vapeur à cette température.

La preuve que les flammes produisent de l'eau, c'est que si on en approche un corps froid, cette eau s'y précipite en rosée, comme on le voit sur les verres des lampes et des becs de gaz qu'on vient d'allumer.

Or, pour qu'un combustible brûle, il ne suffit pas qu'il soit chauffé, il faut qu'il touche l'oxygène qui doit le brûler, c'est-à-dire s'unir à lui avec chaleur. Prenons pour exemple la combustion de la poudre à canon, c'est une réaction chimique qui ne manque pas d'actualité dans ce temps-ci.

Du charbon en poudre, seul dans une cartouche de fusil, aurait beau subir le feu de la capsule, il ne brûlerait pas ; mais on a mis avec lui du salpêtre et du soufre, donnant ensemble, quand ils sont chauffés, une réaction qui fournit les deux gaz de l'air, l'oxygène et l'azote, avec un sel blanc nommé sulfure de potassium, celui qui constituera la fumée de la poudre.

Les fragments qui reçoivent les premiers la chaleur de la capsule unissent donc leur charbon et leur oxygène ; la chaleur qui en résulte excite la même action dans les fragments voisins ; en un clin d'œil toute la masse a subi la métamorphose ; les gaz produits, échauffés à la température de la flamme, doivent occuper un volume plus de mille fois plus grand que celui de la poudre ; leur expansion chasse la balle, et donne à l'air une secousse dont nos oreilles se ressentent.

Donc un combustible enfermé n'est pas un danger d'explosion, si on n'enferme pas d'oxygène avec lui. Un gazomètre plein ne ferait pas explosion par une bombe, pas plus qu'une bouteille de pétrole pleine, brusquement débouchée au contact du feu. Dans les deux cas, à l'ouverture ainsi faite se produirait une flamme au milieu de l'air, qui fournit l'un des deux éléments nécessaires de la combustion, l'oxygène. Bouchons l'ouverture, la flamme s'éteint.

Ce qui est à craindre, c'est le *mélange* détonant, c'est-à-dire le rapprochement, en chaque point, du combustible et de l'oxygène comburant. Le mélange se fait naturellement, à cause de la propriété expansive des gaz, quand le combustible est gazeux ou volatil, par exemple, quand un bec de gaz est resté ouvert longtemps dans une chambre, ou que de la benzine, de l'éther, du sulfure de carbone ou de l'essence de pétrole, tombés à terre ou restés débouchés, s'évaporent lentement dans une pièce mal ventilée. L'atmosphère est alors devenu un mélange détonant, qui prend feu comme la poudre, lorsqu'un seul de ses points est porté à la température d'inflammation.

Or, la chimie nous apprend que pour brûler complétement ainsi 1 litre de gaz hydrogène pur, il faut un demi-litre d'oxygène, c'est-à-dire 2 litres 1/2 d'air ; pour 1 litre de gaz d'éclairage, qui contient de l'hydrogène plus condensé uni à la substance du charbon, il faut plus de 2 litres d'oxygène, soit de 11 à 12 litres d'air; la détonation peut avoir lieu, même avec ce grand volume de gaz azote inerte. Elle aura lieu, en effet, tant que l'excès de gaz inutile, mélangé au gaz combustible et à l'oxygène, n'absorbera pas, en s'échauffant lui-même, assez de chaleur pour abaisser le mélange au-dessous de la température d'inflammation.

Une explosion peut donc être imminente, quand une fuite a mêlé à l'air d'une chambre un 12ᵉ ou un 15ᵉ de son volume de gaz. Mais la benzine, le chloroforme, l'éther, l'essence de pétrole, ont des vapeurs composées d'hydrogène et de charbon comme le gaz, seulement plus lourdes, plus condensées encore; l'explosion pourra donc avoir lieu quand leurs vapeurs mêlées à l'air en formeront le 17ᵉ, le 20ᵉ, le 25ᵉ; ce qui est très-possible, surtout dans une pièce chaude, quand ces vapeurs ont eu un temps suffisant pour se former peu à peu dans la pièce close et en saturer l'air.

Il faut toutefois que le liquide soit très-volatil; c'est-à-dire qu'il ait, comme nous l'avons vu, une limite de vaporation assez élevée pour pouvoir soutenir, à la température ordinaire, une part de la pression barométrique dépassant 2 ou 3 centimètres de mercure. Il suffit pour cela que la température d'ébullition soit assez inférieure à celle de l'eau, qui bout à 100°. Dans ce cas commence à être l'alcool concentré, qui bout vers 80° ; l'esprit de bois, qui bout vers 66° et qui remplace souvent l'alcool à brûler, trop cher depuis les impôts, est déjà bien plus dangereux. Bien plus à craindre encore sont l'éther sulfurique, le chloroforme, la benzine, le sulfure de carbone, qui bouillent entre 30° et 50°, et enfin les plus volatils des corps contenus dans les essences de pétrole et surtout dans l'éther de pétrole et dans le pétrole brut, qui renferment, comme nous l'avons vu, un carbure bouillant à 30° et un déjà gazeux à la température ordinaire.

Nous voici ramenés au cœur de notre sujet.

XXI

Comment prennent feu les liquides volatils.

Le danger particulier des combustibles très-volatils est celui de pouvoir s'enflammer *à distance*, c'est-à-dire de former, en émettant des vapeurs transparentes qui se mélangent à l'air, une sorte de traînée de poudre complétement invisible, et dont par conséquent on ne se défie pas.

Comme les vapeurs tendent à se disséminer dans l'atmosphère, la proportion nécessaire pour rendre le mélange inflammable n'existe que là où elles se forment, et là où elles se dirigent en grande quantité, c'est-à-dire à l'orifice du vase qui contient le liquide, et au centre de la route qu'elles suivent en s'en allant.

On peut se faire une idée très-nette de la forme que doivent avoir ces traînées invisibles, par ces colonnes de fumée qui s'échappent d'une mèche enflammée sur laquelle on vient de souffler. Ces colonnes sont aussi produites par un gaz combustible, de véritable gaz d'éclairage, distillé dans la mèche encore portée au rouge ; mais ce gaz est rendu visible, parce qu'il est mêlé de fines poussières de liquides acides et goudronnés fournis par la même distillation.

Chacun a fait cette petite expérience, d'approcher une allumette enflammée de la fumée d'une bougie, à une distance encore assez grande de la place qu'occupait la flamme ; on voit alors une ignition rapide suivre la colonne de fumée et rallumer la mèche.

Les choses se passent tout à fait ainsi, dans l'inflammation à distance des liquides très-volatils ; seulement la colonne invisible, au lieu d'être formée de gaz chauds plus légers que l'air, est formée de vapeurs plus lourdes que l'air, et ne s'y diffusant qu'avec lenteur, de sorte que la traînée descend au lieu de monter, et s'étend en longue nappe sur le sol, dans le sens de la circulation générale de l'air de la chambre, c'est-à-dire ordinairement vers la cheminée, s'il y en a une.

Une haute cheminée sans feu, comme celles qui servent à l'aération des endroits infécts, emporterait les vapeurs diluées dans un courant d'air, et serait un excellent moyen de s'en débarrasser sans danger. Mais s'il y a un foyer allumé dans cette cheminée, et que la diffusion de la vapeur dans l'air n'ait pas encore atteint la limite à laquelle le mélange cesse d'être inflammable, la traînée prend feu, et l'ignition remonte comme un éclair jusqu'au vase contenant le liquide volatil.

Si ce vase n'est qu'en partie rempli, l'espace saturé de vapeur qui se trouve au-dessus du liquide prend feu aussi, et comme les parois empêchent les gaz renfermés de se dilater à leur aise, la pression produite brise le vase, et projette avec ses débris le liquide qu'il contenait, sous forme de jets enflammés. Ces jets communiquent au loin l'incendie aux corps combustibles sur lesquels ils sont projetés, et qui jouent pour le liquide le rôle de mèche.

Voilà comment se produisent ces sinistres instantanés où l'on voit, immédiatement après l'explosion d'à peine un demi-flacon d'un de ces dangereux liquides, tous les objets d'une chambre se trouver enflammés à la fois, et faire un foyer considérable d'incendie avant qu'on puisse songer à en arrêter les progrès.

XXII

Comment on peut arrêter l'inflammation d'un liquide volatil; comment on peut la prévenir.

Si le liquide est très-soluble dans l'eau, comme l'esprit de vin ou l'esprit de bois, on peut éteindre l'incendie par les moyens ordinaires; mais pour les corps gras et les carbures d'hydrogène, qui flottent sur l'eau sans s'y mélanger, il serait parfaitement inutile de chercher à les éteindre en y jetant de l'eau.

Il faut prendre un autre moyen, excellent d'ailleurs pour éteindre tous les liquides enflammés, et que tout le monde connaît aujourd'hui : il consiste à absorber le liquide en y jetant du sable, de la terre, de la cendre, ou généralement un corps poreux quelconque, qui en s'imbibant du liquide le prive du contact de l'air.

Remarquons qu'un corps poreux combustible

lui-même, comme de la sciure de bois ou du linge, pourrait à la rigueur rendre ce service en attendant mieux. Il prendrait feu, c'est vrai, mais en fixant le liquide et diminuant sa surface libre, jusqu'à ce qu'on puisse priver tout à fait cette surface du contact de l'air qui entretient sa combustion.

On comprend maintenant quelles doivent être les précautions nécessaires pour manier sans danger les liquides très-volatils que la pharmacie et les industries chimiques sont souvent forcées d'employer.

D'abord les renfermer dans des vases de *métal*, parfaitement étanches, aussi remplis que possible, et dont la partie supérieure soit séparée de l'atmosphère extérieure par une soupape.

Ensuite, ne les mettre en communication avec l'atmosphère que dans un courant d'air qui les dilue et les emporte; les manier toujours, par conséquent, soit en plein air, soit près d'une fenêtre ouverte, soit sous un de ces tabliers surmontés de hautes cheminées, comme en ont tous les laboratoires de chimie.

Enfin, ne jamais les laisser rapprochés d'un feu nu, surtout quand ce feu est plus bas qu'eux, et du côté où porte le courant d'air.

Si l'on est obligé d'en faire manier d'assez grandes quantités la nuit, ne s'éclairer jamais qu'au moyen de ces lampes de sûreté où la flamme est partout séparée de l'atmosphère environnant par une toile métallique à fines mailles. Jamais une traînée de gaz en feu ne peut traverser une pareille toile sans être refroidie et par suite éteinte au passage. On pourrait même verser le liquide inflammable sur la toile métallique, sans que jamais l'inflammation pût se communiquer au dehors.

L'expérience d'une multitude de laboratoires, usines et magasins de vente, où tous les jours sont manipulés sans accident les produits les plus dangereux sous ce rapport, nous prouve que ces seules précautions suffisent pour assurer contre tout danger des hommes soigneux et intelligents.

XXIII

**Degré de danger des divers dérivés du pétrole.
Précautions à prendre pour l'essence.
Epreuve de l'huile d'éclairage.**

Quels sont maintenant parmi les corps provenant du pétrole ceux qui sont dangereux par leur facile inflammation?

Seulement ceux qui contiennent en quantité sensible les carbures les plus volatils. Le plus dangereux est l'éther de pétrole, qui ne devrait jamais être mis dans les mains de personnes n'ayant pas une grande expérience des corps volatils inflammables. Heureusement qu'en France on ne le trouve pas dans le commerce.

Après lui vient l'essence de pétrole ou essence minérale, dangereuse surtout en été, ou dans une pièce chaude, surtout quand les fabriques n'en retirent pas d'abord l'éther.

Au risque de nous répéter, résumons les lois de la prudence à son égard, en un petit code, à l'usage des ménages.

Art. 1ᵉʳ. — Ne jamais préparer les lampes à *essence* le soir près d'une lumière nue.

Art. 2. — Mettre cette essence dans un bidon métallique à soupape et non pas dans une bouteille de verre.

Art. 3. — Ne pas lui donner sa place habituelle près du feu de la cuisine ou sur une cheminée.

Art. 4. — Ne s'en servir pour enlever les taches des habits qu'en plein air ou dans une chambre sans feu, éclairée par une lampe de sûreté s'il n'y fait pas jour.

Quant à l'huile d'éclairage, on peut être aujourd'hui à peu près certain, en l'achetant dans une maison honorable, qu'elle offre moins de dangers d'inflammation qu'une foule de corps dont nous faisons usage tous les jours sans nous en inquiéter sous ce rapport, les eaux-de-vie et liqueurs de table, par exemple. On exige en effet une garantie des producteurs et des épurateurs qui livrent cette huile au commerce, et qui ne veulent pas qu'elle tombe sous la loi rigoureuse à laquelle sont soumis les éthers et les essences. La douane fait passer l'huile au moment de sa livraison aux débitants, par une épreuve que les eaux-de-vie ne pourraient pas soutenir sans supprimer radicalement tous les punch, les omelettes au rhum et autres plats flambants.

On verse l'huile, sur une épaisseur d'un centimètre, dans une sorte de petite soucoupe, chauffée par un bain-marie à la température de 35 degrés, qui est à peu près celle du corps humain. On en approche lentement une allumette enflammée, de manière à ce que la flamme touche la surface liquide : l'huile ne doit pas prendre feu, mais au contraire éteindre l'allumette lorsqu'on l'y plonge.

Cette épreuve, qui manque un peu de précision, tend à être remplacée aujourd'hui par la mesure directe de la tension de la vapeur à une température déterminée. M. Salleron, constructeur d'instruments de physique, a fourni un appareil très-pratique sous ce rapport, où l'huile à éprouver se trouve introduite dans un espace fermé, dont la pression est mesurée par un manomètre. L'élévation de la colonne manométrique donne en millimètres la tension de la vapeur, et un thermomètre donne le degré de température correspondant.

A 15 degrés, température moyenne de l'été, les huiles vendues à Paris ne donnent généralement pas une tension dépassant deux ou trois millimètres de mercure, tandis que les essences, suivant les fabricants, soulèveraient la colonne de mercure de cinq à vingt centimètres.

L'épreuve ordinaire, faite dans une cuiller à bouche chauffée à la chaleur du corps, suffit ponr la consommation domestique, et donne assez directement l'assurance que l'huile peut être brûlée sans danger, dans les lampes de construction si simple que tout le monde connaît.

Si la lampe se renversait, l'huile en s'écoulant éteindrait la mèche. Il ne reste guère de dangereux que le cas, peu probable, où le réservoir de la lampe se brisant, et l'huile s'écoulant par un autre issue sans inonder la mèche, celle-ci resterait allumée malgré le courant d'air produit par la chute, et tomberait précisément sur un corps poreux, une étoffe, par exemple, que l'écoulement de l'huile se

trouverait imprégner, juste au degré convenable pour s'enflammer elle-même comme la
mèche.

Mais on conviendra que ce concours de circonstances serait un effet de hasard très-rare,
et qu'en pareil cas, une lampe à huile de colza
pourrait bien devenir elle-même une cause
d'incendie, quoique cette huile soit moins facilement inflammable que celle de pétrole.

Le seul vrai danger de l'huile de pétrole peut
venir d'une fraude du débitant, qui consiste à
mêler de l'essence aux huiles trop lourdes pour
leur rendre la moindre densité, la fluidité et la
belle flamme des huiles de bonne qualité. Cette
fraude est odieuse, et la loi ne l'atteindrait jamais trop sévèrement, car c'est elle qui a été
la cause de la plupart des incendies et accidents graves. Elle a donc fait au pétrole sa
triste réputation, et rendu populaire la terrible
inflammabilité qui en a un jour armé des mains
criminelles.

Mais cette fraude est devenue plus rare à
mesure qu'elle a été signalée, et à mesure que
s'est répandue l'épreuve si simple par laquelle

nous avons montré qu'on la décèle. Aujour-
d'hui elle n'aurait plus raison d'être en France,
le prix de vente des essences étant à peu près
le même que celui des huiles d'éclairage, et les
conséquences légales de la fraude pouvant être
énormes, en comparaison du mince bénéfice que
le détaillant en espérerait.

Nous n'avons pas à parler du danger des
huiles de graissage ; pour les enflammer directement sans un corps poreux faisant mèche, il
faudrait qu'elles fussent chauffées presque à
l'ébullition. Leur inflammation aurait lieu alors
un peu comme celle de la friture, quand la
flamme du foyer vient lécher les bords de la
poële.

Dans les machines à vapeur où on emploie
cette huile comme combustible, on a soin de
mettre le réservoir d'où partent les tuyaux
qui la conduisent au foyer, loin de l'ouverture
de ce foyer, et hors de la portée des flammes
que pourrait produire un excès d'écoulement,
causé par une rupture de tuyau ou une mala-
dresse.

XXIV

Quel était le pétrole des incendiaires de la Commune.

Ainsi les seuls produits partiels du pétrole susceptibles de s'enflammer par surprise, dans le maniement ordinaire de ces corps, sont les *essences* de pétrole, surtout les plus légères, celles qui seraient destinées à détacher les étoffes, ou dont le fabricant n'aurait pas l'habitude de mettre à part les parties les plus volatiles.

Mais il y a un corps qui s'est trouvé une fois (et on ne l'y laissera plus, il faut l'espérer), entre les mains de toute une population ignorante et affolée de haine, et ce corps se trouve avoir à la fois tous les inconvénients des produits partiels sans être propre à aucun de ses usages : c'est le *pétrole brut.*

Tenace et puant comme les pires huiles lourdes, coulant et difficile à éteindre comme les huiles légères, il est aussi facilement inflammable que les essences et les éthers, puisqu'il contient tous ces corps réunis.

Le pétrole brut ne vient en France, du reste, que pour donner à nos usines nationales le bénéfice que rapporte sa distillation. Depuis la réforme de son embarillage, son transport et son magasinage offrent bien moins de dangers qu'autrefois. Allant directement, par expéditions considérables, des ports d'arrivée aux usines, où son emploi est soumis à de rigoureuses prescriptions légales, il ne peut guères, en temps ordinaire, sortir de ces usines et devenir un danger entre des mains imprudentes ou malveillantes.

Il a fallu les malheurs de l'invasion prussienne et de la Commune, pour que, de réquisition en réquisition, il arrivât aux mains des « fuséens » de Ferré et de Rigault. L'ignorance et l'ivrognerie des misérables chargés de mettre le feu aux divers édifices, a d'ailleurs rendu souvent leurs efforts impuissants, et sauvé bien des constructions destinées à l'incendie. L'inégalité de leur réussite prouve l'inégalité de leur intelligence. Mais certaines de leurs tentatives ont échoué, parce qu'ils manquaient quelquefois des produits suffisamment inflammables.

Ainsi, le pont tournant de la Villette a été, paraît-il, enduit à deux reprises différentes d'huile d'éclairage, prise chez deux épiciers du voisinage, sans que les incendiaires pussent y mettre le feu directement. Il a fallu aller chercher de la paille et du bois pour venir à bout de le brûler.

XXV

La vraie richesse humaine. Valeur d'un nouveau combustible.

Nous espérons avoir suffisamment démontré que les pétroles et les huiles minérales, loin de mériter le dégoût, et l'horreur, sont dignes de fixer au plus haut point l'attention de tous les hommes qui réfléchissent.

Lorsqu'on considère que ce qu'il y a de plus précieux dans le monde matériel, pour l'homme, ce sont les instruments de son travail, on arrive vite à comprendre que nos trésors, nos vraies sources de richesse, ce ne sont pas les mines de rubis ni les mines d'or, ce sont les combustibles.

En effet, ce *travail*, dont l'accomplissement constitue le principal élément de la prospérité, on le définit scientifiquement : un effort multiplié par le chemin qu'il a fait faire. C'est donc le résultat de la victoire d'un *mouvement* sur une résistance.

Or ce mouvement, qui doit nous soumettre la matière, est toujours le résultat de la transformation d'une *chaleur*, et cette chaleur que le soleil nous envoie, mais que nous ne savons pas garder, ce sont les plantes qui savent la garder pour nous, en l'employant à former des tissus qui nous la rendront, lorsqu'ils seront brûlés, soit comme aliments dans nos organes et dans ceux des animaux qui nous aident, soit comme combustibles, c'est-à-dire aussi comme aliments de nos foyers et de nos machines.

Mais la production de travail, et par conséquent la consommation de combustible de l'industrie moderne est telle, qu'une seule de nos compagnies de chemins de fer transformerait en Arabie Pétrée le sol de la France en quelques années, si elle ne brûlait que les végétaux que le soleil nous fournit actuellement.

Aussi demande-t-on le mouvement des machines aux houilles, c'est-à-dire au travail que les rayons de soleil ont mis en réserve, bien des milliers de siècles avant l'homme, et dont

l'homme use, comme il use de tout le travail divin de la création, opéré en vue de lui.

Constitué maître de la nature, l'homme a le
devoir, vis-à-vis de son Auteur, d'en reconnaître
par son intelligence et d'en mettre en œuvre
par sa volonté toutes les ressources, toutes les
prévoyances, toutes les merveilles. La parabole
des talents confiés au bon serviteur est aussi
vraie dans l'ordre physique que dans l'ordre
moral.

Nous sommes d'ailleurs forcés d'utiliser successivement les diverses richesses de la nature,
parce qu'elles s'épuisent : il n'est pas possible
à une civilisation, qui veut garder son rang et
sa prospérité, de se servir toujours des mêmes
matériaux d'existence, qui à la longue devien-
nent insuffisants. Le *statu quo* dans l'industrie
est une décadence. La *lutte pour la vie* consis-
tant, pour les sociétés comme pour les indi-
vidus, à se nourrir et à se défendre, les nations
ne peuvent vivre qu'en conquérant chaque jour
de nouveaux aliments et de nouvelles armes.

Le principal caractère matériel de la civilisation moderne est précisément d'avoir découvert

des forces vives, oubliées ou méconnues des gé-
nérations précédentes, et d'avoir su les employer
à la multiplication du travail, c'est-à-dire de
la richesse et de la puissance de l'homme.

Nous avons fait, en trouvant la houille, un
progrès tout semblable à celui qu'ont fait les
premiers hommes, qui n'avaient que le bois,
l'os et le silex, le jour où ils ont trouvé ce
cuivre natif qu'on nomme l'airain ou le *bronze*
antique. Un nouveau combustible a pour nous,
en ce moment, la même importance que pour
les hommes primitifs un nouveau métal.

Songeons à ce qui a dû arriver lors de la découverte du *fer,* plus dur et tenace, plus accom-
modé aux usages de première nécessité, plus
convenable, par exemple, pour fabriquer des
armes et des outils. Les premiers qui l'ont utilisé ont dû devenir les maîtres de ceux qui
n'avaient que le bronze, d'autant que les mines
de ce dernier métal devaient être presque épui-
sées, lorsque celles de fer se sont montrées
surabondantes.

Les nouveaux combustibles liquides sont-ils
appelés à jouer le même rôle vis-à-vis de la

houille? Il n'est peut-être pas exagéré de l'affirmer. En ce moment, hélas ! nous voyons surtout cette ressemblance, qu'un des premiers usages que l'homme fait du pétrole, c'est celui qu'il a fait d'abord du fer, un instrument de mort et de destruction.

Espérons que le pétrole deviendra plus tard ce qu'est devenu le fer, un instrument de travail, de production, de force et de saine richesse.

FIN.

OUVRAGES CONSULTÉS.

MÉMOIRE DE MM. PELOUZE ET CAHOURS. Comptes-rendus de l'Académie des sciences, mars 1863.

LES PÉTROLES D'AMÉRIQUE, dans l'Annuaire scientifique de Déhérain, 1864. (Paris, Victor Masson.)

DU PÉTROLE ET DE SES DÉRIVÉS, par Norman Tate, traduit de l'anglais par H. Brandon, ingénieur civil. Paris, 1864.

OBSERVATIONS FORMULÉES par les producteurs et épurateurs d'huiles minérales au sujet du décret du 18 avril 1866. (Cahier lithographié, Paris, 1866.)

NOTICE SUR LE PÉTROLE, pour l'administration des octrois, par M. Réveil. Paris, 1866.

ANNALES DU GÉNIE CIVIL, 1866. Notice sur l'appareil Salleron, et table de densité et tensions de vapeur.

L'ISOMÉRIE ET L'ORIGINE DES PÉTROLES, dans l'Annuaire scientifique de Déhérain, 1867.

QUATRE MÉMOIRES DE M. HENRI SAINTE-CLAIRE DEVILLE, dans les comptes-rendus de l'Académie des sciences, en mars 1868, février, mars et novembre 1869.

OBSERVATIONS de M. Dumas, Élie de Beaumont, Balard et Fizeau à l'occasion du premier Mémoire.

L'EMPLOI DES PÉTROLES, par M. Soulié, ingénieur civil. Paris, Lacroix, 1868.

Des huiles minérales, au point de vue de leur emploi pour le chauffage des machines à vapeur, par M. Charles Cogniet. Paris, Paul Dupont, 1868.

Les pierres, esquisses minéralogiques, par M. Simonin. Paris, Hachette, 1868.

Les huiles minérales, par M. Schwœblé, dans l'Annuaire scientifique de Déhérain, 1869.

TABLE DES MATIÈRES

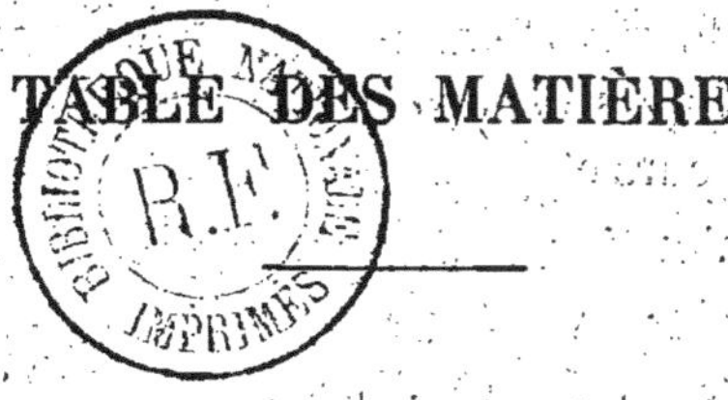

Paris. — DE SOYE ET FILS, imprim., place du Panthéon, 5.